NIDHI BUDHALAKOTI

COMPOSTOS BIOACTIVOS E PROTEÍNAS

NIDHI BUDHALAKOTI

COMPOSTOS BIOACTIVOS E PROTEÍNAS

EXTRACÇÃO DE AGRO-RESÍDUOS E A SUA POTENCIAL UTILIZAÇÃO

ScienciaScripts

Cover image: www.ingimage.com

This book is a translation from the original published under ISBN 978-620-5-50807-7.

Publisher:
Sciencia Scripts
is a trademark of
Dodo Books Indian Ocean Ltd. and OmniScriptum S.R.L Publishing group
Str. Armeneasca 28/1, office 1, Chisinau-2012, Republic of Moldova, Europe
Printed at: see last page
ISBN: 978-620-5-28469-8

ABSTRACT

Os resíduos e subprodutos agro-alimentares são também uma rica fonte de compostos bioactivos, proteínas e outros nutrientes. São relatados como tendo vários benefícios para a saúde que aumentam o seu valor nutricional. A valorização efectiva destes resíduos ou biomassa pode ajudar a prevenir a poluição ambiental e também proporcionar uma via para uma melhor produção e distribuição de alimentos entre as pessoas. A sua extracção e utilização para vários fins pode ser feita com a utilização de métodos sustentáveis e tecnologia eficaz. As formas inovadoras e avançadas de os utilizar podem ajudar a obter benefícios financeiros também a longo prazo. Várias formas estão a ser escolhidas para também converter estes resíduos alimentares, tais como biomassa lignocelulósica numa forma mais funcional, tais como açúcares, proteínas, etc. São também ricos em compostos bioactivos sob a forma de lignina. Por isso, existe um imenso potencial no aumento da utilização de biomassa agro-alimentar para a produção de produtos úteis.

Tabela de Conteúdos

1. INTRODUÇÃO

Uma enorme quantidade de resíduos agrícolas é produzida todos os anos pelas indústrias agrícolas e outros. Aproximadamente 350 milhões de toneladas de resíduos agrícolas são produzidas anualmente na Índia (Kimothi et al., 2020). A maioria destes resíduos é despejada, queimada ou deixada em aterros não planeados. Isto leva à poluição ambiental e resíduos não tratados podem também causar alterações climáticas ao aumentar a quantidade de gases com efeito de estufa libertados para a atmosfera (Bos e Hamelinck 2014). Vários estudos relataram a elevada perspectiva nutricional destes subprodutos agro-industriais (Maneerat et. al. 2015; Graminha et al. 2008). Os resíduos agrícolas podem ser potencialmente explorados para gerar energia, produção de biocombustíveis, biofertilizante, composto, biogás, papel, etc. (Prasad et. al. 2020). São ricos em vários compostos valiosos como celulose, hemicelulose, lignina, enzimas, e outras moléculas orgânicas (Jena e Singh 2022).

Polifenóis, taninos, flavonóides, flavanóis, vitaminas (A e E), minerais essenciais, ácidos gordos, voláteis, antocianinas e pigmentos são os principais compostos bioactivos isolados dos resíduos ou subprodutos de frutas e vegetais (Othman et.al. 2020). Cascas ou porções de pele e galhos as partes não comestíveis de frutas e vegetais contêm frequentemente maiores quantidades de compostos bioactivos quando comparadas com as partes comestíveis (Gorinstein et.al. 2001; Gorinstein et.al. 2001). As cascas de maçã, uvas, citrinos e sementes de jaca, abacate e manga, as cascas de cebola têm um teor mais elevado de 15% de compostos polifenólicos do que a polpa (Soong e Barlow 2004; Gorinstein et.al. 2001).

Os compostos bioactivos derivados de resíduos alimentares

podem ser utilizados para vários fins, tais como antimicrobianos, corantes, antioxidantes, ingredientes fortificantes e agentes modificadores de textura (Lavelli et.al. 2017). Houve estudos que mostraram o efeito antimicrobiano de vários tipos de compostos bioactivos extraídos de subprodutos alimentares. Um desses estudos foi realizado por Ahn et.al., (2007) sobre o extracto de sementes de uva em pó que demonstrou a actividade antimicrobiana em *Escherichia coli* O157:H7, *Salmonella typhimurium, Listeria monocytogenes* e *Aeromonas hydrophila.* Além de alguns compostos bioactivos também mostram benefícios para a saúde, tais como actividade cardioprotectora, neuroprotectora, anti-inflamatória e anticancerígena (Panzella, et.al. 2020). A fortificação e funcionalização dos alimentos pode ser levada a cabo com um extracto optimizado de resíduos de tomate como alternativa sustentável (Pinela et.al. 2017). Além disso, foram realizados vários estudos para a utilização de biomassa lignocelulósica como casca de arroz, que também está a ser utilizada para extrair teores fenólicos até 3,1 mg GAE/g (Wang, et.al. 2008). Os subprodutos dos alimentos podem ser utilizados no campo dos nutracêuticos e farmacêuticos, ou podem ser transformados em produtos para alimentar o gado (Kasapidou et.al. 2015). De acordo com vários estudos, o caroço de maçã, o pêssego e o caroço de alperce, etc. são boas fontes de proteínas (Karson et.al. 1994).

As folhas de algumas espécies vegetais contêm concentrações variáveis de proteínas que chegam a atingir os valores de 30%. Foram realizados estudos sobre concentrados de proteínas preparados a partir de folhas recém-colhidas para investigar a sua utilização para consumo humano, tendo em mente a sua boa qualidade. Várias alternativas à carne, ou seja, carne ou proteínas de origem vegetal (carne vegana), estão agora disponíveis no mercado. As folhas consistem geralmente em dois tipos de proteínas verdes (proteínas cloroplásticas) e proteínas brancas (proteínas citoplasmáticas) que são nutricionalmente diferentes. O perfil de aminoácidos das proteínas brancas é melhor do que o das proteínas verdes, com excepção da isoleucina (Chiesa e Gnansounou 2011). As farinhas de sementes oleaginosas contêm um elevado teor proteico que pode ser extraído antes e depois da desolificação. Além disso, farinhas e folhas de oleaginosas/leguminosas, biomassa seca como casco, estofador e caules são também bons recursos de proteínas (Sari et.al. 2015). Farinha de soja, farinha de colza, farinha de microalgas, farinha de farelo de arroz, etc. são alguns outros tipos de biomassa para extrair proteínas por método alcalino (Sari et al. 2012; Yadav et al. 2011). Além disso, várias proteínas também podem ser utilizadas para o encapsulamento de vários compostos nutracêuticos incluindo compostos bioactivos para a sua libertação controlada (Zhang et.al. 2022).

REFERÊNCIAS

Ahn J., Grun I.U. e Mustapha A. (2007). Efeitos dos extractos de plantas no crescimento microbiano, mudança de cor, e oxidação lipídica em carne cozida. Microbiol alimentar. 24: 7

Bos A. e Hamelinck C. (2014). Impacto dos gases com efeito de estufa da utilização marginal de combustíveis fósseis. Número de projecto: BIENL14773 2014

Chiesa S. e Gnansounou E. (2011). Extracção de proteínas a partir de biomassa numa refinaria de bioetanol - Possíveis aplicações dietéticas: Utilização como alimentação animal e potencial extensão ao consumo humano. Tecnologia de fontes biológicas. 102(2):427-436

Gorinstein S., Martin-Belloso O., Park Y.S., Haruenkit R., Lojek A., Ciz M., Caspi A., Libman I. e Trakhtenberg S. (2001). Comparação de algumas características bioquímicas de diferentes citrinos. Química alimentar. 74(3):309-315

Gorinstein S., Zachwieja Z., Folta M., Barton H., Piotrowicz J., Zemser M., Weisz M., Trakhtenberg S. e Martin-Belloso O. (2001). Conteúdos comparativos de fibras alimentares, fenóis totais e minerais em persimões e maçãs. J. Agric. Food Chem. 49:952957. doi: 10.1021/jf000947k

Graminha E.B.N., Goncalves A.Z.L., Pirota R.D.P.B., Balsalobre M.A.A., Silva R. e Gomes E. (2008). Produção enzimática por fermentação em estado sólido: aplicação na alimentação animal.

Ciência de Alimentação Animal Technol 144:1-22

Jena S. e Singh R. (2022). Materiais residuais de culturas agrícolas - Um potencial reservatório de moléculas. Investigação ambiental. 206:112284

Karson, K. J., Collins, J. L., e Penfield, M. P. (1994). Bagaço de maçã não refinado e seco como ingrediente alimentar potencial, J. Food Sci. 59:1213

Kasapidou E., Sossidou E., e Mitlianga P. (2015). Co-produtos de Frutas e Vegetais como Ingredientes Funcionais para a Nutrição Animal na Quinta para uma Melhor Qualidade do Produto. Agricultura. 5:4 10.3390/agriculture5041020.

Kimothi S.P., Panwar S e Khulbe A. (2020). Criação de riqueza a partir de resíduos agrícolas. Conselho Indiano de Investigação Agrícola (ICAR), Nova Deli. p. 172

Lavelli, V., Kerr, W.L., García-Lomillo, J. e González-SanJosé, M.L. (2017) Aplicações de Compostos Bioactivos Recuperados em Produtos Alimentares. Handbook of Grape Processing By-Products Sustainable Solutions pp. 233-266

Maneerat W., Prasanpanich S., Tumwasorna S., Laudadio V. e Tufarelli V. 2015. Avaliação dos subprodutos agro-industriais como fonte de alimentos grosseiros no desempenho de crescimento de bois de engorda. Revista Saudita de Ciências Biológicas. 22 (5), 580-584

Prasad M., Ranjan R., Ali A., Goyal D., Yadav A., Singh T. B., Shrivastav P. e Dantu P.K. Transformação Eficiente dos Resíduos Agrícolas na Índia. Contaminantes na Agricultura pp 271-287

Othman S.B., Joudu I e Bhat R. (2020). Bioactivos de Resíduos Agro-alimentares: Perspectivas Presentes e Desafios Futuros. Moléculas. 25(3): 510

Panzella, L., Moccia, F., Nasti, R., Marzorati, S., Verotta, L., e Napolitano, A. (2020). Compostos Fenólicos Bioactivos provenientes de Resíduos Agro-alimentares: Uma actualização das Metodologias de Extracção Verde e Sustentável. Frente. Nutr. 7:60. doi: 10.3389/fnut.2020.00060

Pinela J., Prieto M.A., Barreiro M.F., Carvalho A.M., Oliveira M.B.P.P., Curran T.P., et al. (2017) Valorização dos resíduos de tomate para o desenvolvimento de ingredientes antioxidantes ricos em nutrientes: uma abordagem sustentável para as necessidades da sociedade actual. Inovar. Food Sci. Emerg. Technol. 41:160-71. doi: 10.1016/j.ifset.2017.02.004

Sari Y.W., Bruins M.E., Sanders J.P.M. (2012) Sanders Enzyme ajudou na extracção de proteínas a partir de sementes de colza, soja, e microalgas. Cultivos e Produtos Industriais. 43:78-83

Sari Y.W., Syafitri U., Sanders J.P.M. e Bruinsa M.E. (2015). Como a composição da biomassa determina a extractabilidade das proteínas. Culturas e Produtos Industriais. 70:125133

Soong Y.Y. e Barlow P.J. (2004). Actividade antioxidante e conteúdo fenólico de sementes de frutos seleccionados. Química alimentar. 88:411-417

Wang J, Sun B, Cao Y, Tian Y, Li X. (2008). Optimização da extracção de compostos fenólicos a partir de farelo de trigo por ultra-sons. Química alimentar. 106:804-10

Yadav R.B., Yadav B.S., Chaudhary D. (2011). Extracção, caracterização e utilização de concentrado proteico de farelo de arroz para fabrico de biscoitos. British Food Journal. 113: 1173-1182

Zhang R., Han Y., Xie W., Liu F., e Chen S. (2022). Avanços nos Nanocarriers de Compostos Bioactivos à Base de Proteína: Dos Princípios Moleculares Microscópicos aos Atributos Estruturais e Funcionais Macroscópicos. Agric. Química Alimentar. 2022, 70, 21, 6354-6367

2. COMPOSTOS BIOACTIVOS E A SUA EXTRACÇÃO

Os compostos bioactivos são encontrados em quantidades abundantes nas plantas. São principalmente categorizados como metabolito primário e secundário, o que depende dos seus papéis funcionais (Sharma *et.al.* 2019). As suas estruturas químicas e funções variam muito, pelo que são agrupadas em conformidade. Alguns dos compostos bioactivos incluem carotenóides, flavonóides, carnitina, colina, coenzima Q, ditiolthiones, fitoesteróis, fitoestrogenios, glucosinolatos, polifenóis, e taurina. Algumas vitaminas e minerais também podem ser categorizados como compostos bioactivos uma vez que exibem efeitos farmacológicos (Hamzalioglu e Gokmen 2016). Os compostos bioactivos exibem propriedades antioxidantes, anti-cancerígenas e anti-inflamatórias.

Classificação dos compostos bioactivos

Os compostos bioactivos podem ser maioritariamente classificados da seguinte forma:

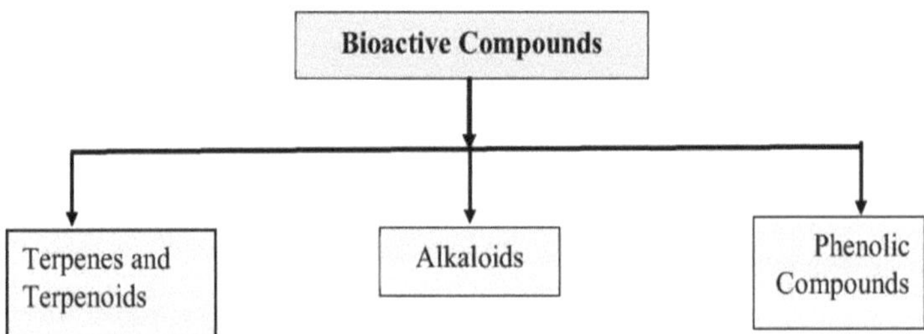

Fig 1. Classificação dos compostos bioactivos

Terpenos e Terpenoides:

As unidades simples de hidrocarbonetos constituídas por cinco unidades de isopreno de carbono (Figura 2) (cinco átomos de carbono com ligações duplas), montadas umas nas outras de milhares de maneiras são chamadas terpenos. Enquanto que os terpenos constituídos por diferentes grupos funcionais e grupos metilo oxidados que são movidos ou removidos em várias posições são conhecidos como terpenos de formas modificadas, isto é, terpenóides. São compostos biologicamente activos utilizados para o tratamento de muitas doenças, aromatizantes, fragrâncias, etc. (Perveen et.al. 2018). Os terpenóides são divididos em monoterpenos, sesquiterpenos, diterpenos, triterpenos e sesterpenos, dependendo das suas unidades de carbono.

1) **Monoterpenos**: Estes são o tipo de terpenos constituídos por duas unidades de isopreno e têm uma fórmula molecular de $C_{10}H_{16}$. Podem ter uma estrutura linear (acíclica) ou podem conter anéis (monocíclicos e bicíclicos). As formas modificadas de monoterpenos são chamadas mono terpenóides. Estes compostos são encontrados em óleos essenciais extraídos de várias plantas.

2) **Sesquiterpenes**: Estes são os tipos de terpenos constituídos por três unidades de isopreno e têm uma fórmula molecular de $C_{15}H_{24}$. Podem ter estrutura cíclica ou podem conter anéis com muitas combinações únicas, por exemplo, lactonas de Sesquiterpeno encontradas em muitas plantas.

3) **Diterpenes**: Estes são os tipos de terpenos constituídos por quatro unidades de isopreno e têm uma fórmula molecular de $C_{20}H_{32}$. São sintetizados por várias plantas, animais e fungos. Alguns exemplos comuns de diterpenos incluem retinol, retinal, fitotol, etc.

4) **Sesterpenes**: Estes são os tipos de terpenos constituídos por cinco unidades de isopreno e têm uma fórmula molecular de $C_{25}H_{40}$. São fungos, organismos marinhos, etc., naturalmente presentes.

Alguns exemplos incluem os sesterterpenos Scalarane encontrados em espécies de cogumelos, etc.

5) **Triterpenes**: São compostos químicos constituídos por três unidades de terpeno (seis unidades de isopreno) e têm uma fórmula molecular de C10H48. Alguns exemplos incluem ácido oleanólico, lupeol, etc.

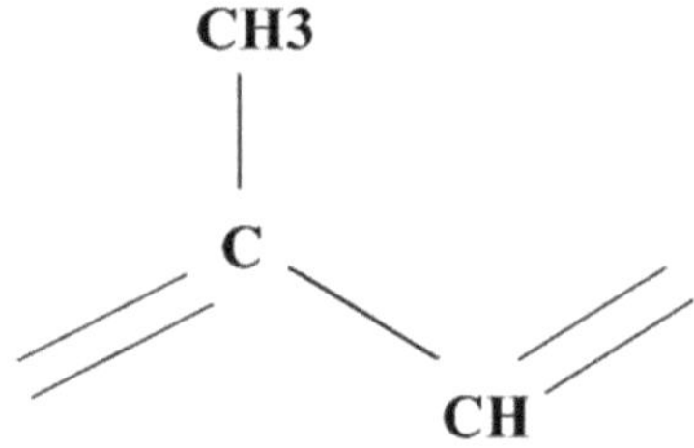

Fig. 2. Estrutura da unidade Isoprene

Alcaloides:

Estes são compostos orgânicos naturais que contêm azoto. Encontram-se amplamente e são geralmente produzidos a partir de aminoácidos nas plantas. Podem ser classificados em três tipos, ou seja, alcalóides verdadeiros, protoalalalóides, e pseudoalalalóides (Dey et.al. 2020)

1) **Alcalóides verdadeiros:** São derivados de aminoácidos e têm um anel heterocíclico contendo azoto. São compostos biológicos altamente reactivos e têm um sabor muito amargo. Exemplos incluem nicotina, atropina, morfina, etc. Alguns aminoácidos como a L-ornitina, L-fenilalanina, L-tirosina, L-

histidina, L- lisina são responsáveis pela produção de verdadeiros alcalóides. Exemplos incluem a cocaína, morfina, quinina, etc.

2) **Protoalkaloides:** São derivados de aminoácidos e contêm um átomo de azoto que não é a parte do anel heterocíclico. Exemplos incluem hordenina, mescalina, etc. L-triptofano e L-tirosina são responsáveis pela produção de protoalcalóides.
3) **Pseudoalcalóides:** Não são derivados directamente de aminoácidos, ou seja, o seu esqueleto de carbono deriva dos vários processos de aminação e transaminação em vias de aminoácidos. São produzidos a partir dos precursores ou pós-cursores da via e também de precursores não aminoácidos. Exemplos incluem a capsaicina, cafeína, etc. São derivados da fenilalanina ou do acetato.

Compostos fenólicos:

Estes são os compostos que contêm anéis aromáticos hidroxilados, com grupos hidroxil directamente ligados ao fenil, fenil de substituição ou outros grupos arilo. São amplamente classificados em três tipos principais, ou seja, ácidos fenólicos, flavonóides e polifenóis não-flavonóides (Malireddy et.al. 2012).

1) **Ácidos fenólicos:** São os compostos que contêm um grupo de ácido carboxílico. Encontram-se em sementes de plantas, peles de frutos, folhas de vegetais em concentrações mais elevadas. Encontram-se na sua maioria em formas encadernadas e raramente em formas livres. São geralmente ligados a amidas, glicosídeos ou ésteres. Têm propriedades antioxidantes elevadas e podem ser subdivididas em ácido hidroxibenzóico e ácido hidroxicinâmico (Kumar e Goel, 2019).

2) **Flavonóides:** São moléculas polifenólicas que contêm 15 átomos de carbono. São solúveis em água. Têm dois anéis fenílicos e um anel heterocíclico. Podem ser ainda subdivididos em seis tipos de calconas, flavonas, isoflavonóides, flavanonas, antoxianinas e antocianinas. As antoxiantinas geralmente conferem cor amarela às plantas enquanto que as antocianinas são responsáveis pela cor vermelha.
3) **Nãoflavonóides:** Consistem principalmente em estilbenos, hidroxicinamatos, ácidos benzóicos e lignanos. A estrutura básica dos não-flavonóides é um único anel aromático com vários grupos hidroxil (Singla et.al. 2019).

Técnicas de Extracção de Compostos Bioactivos

A fim de utilizar os compostos bioactivos, presentes em vários materiais vegetais, é importante extrair estes componentes activos. Não existe um método padrão único para a extracção destes compostos, mas estão disponíveis vários métodos eficientes que vão desde o convencional ao não convencional. Dependendo da utilização e dos aspectos estruturais do material vegetal, o método de extracção pode ser seleccionado entre os vários métodos disponíveis (Azmir et.al. 2013).

1) **Técnicas convencionais:**

As técnicas convencionais geralmente envolvem a utilização de vários solventes e calor para a extracção dos compostos. Os métodos são os seguintes:

a) **Método Soxhlet:** Nesta técnica, pequenas quantidades de amostra seca e em pó são pesadas num papel de filtro menos cinzas e mantidas dentro de um dedal. O dedal é colocado dentro de um conjunto de destilação e os compostos bioactivos são extraídos com a ajuda de solventes, por exemplo, metanol,

etanol, acetona, etc. A extracção é realizada durante várias horas, dependendo do tipo de material vegetal e da quantidade de compostos bioactivos presentes no material. O calor é aplicado neste método, o que ajuda a aumentar a taxa de extracção. É um método bem optimizado e a literatura fornece muitos usos práticos do mesmo (Soquetta et.al. 2018).

b) **Maceração:** Este processo envolve três etapas, a primeira é moer a amostra em partículas menores para aumentar a área de superfície, o que ajuda na mistura adequada do solvente com o material. A segunda é adicionar misturas apropriadas de solvente ou solvente para extrair os compostos bioactivos. A terceira é a remoção do excesso de solvente por filtração e prensagem do material vegetal moído para extrair os compostos bioactivos desejados. A agitação ocasional ajuda no processo de extracção, aumentando a difusão e removendo o solvente concentrado da mistura, para que o solvente fresco possa ser adicionado para continuar o processo de extracção. Os compostos bioactivos extraídos podem então ser purificados e utilizados para o fim desejado.

c) **Hidrodestilação:** Este método envolve a utilização de água destilada para a extracção de compostos voláteis. Este processo demora aproximadamente 6 a 7 horas e requer temperaturas elevadas para o processo de extracção. Isto limita a sua utilização uma vez que as altas temperaturas podem degradar os compostos sensíveis à temperatura. Mas como os solventes duros não estão envolvidos neste processo, torna-o também um processo fiável. Hidrodifusão, hidrólise, e decomposição por calor são os três principais processos físico-químicos envolvidos neste processo. Os compostos voláteis são recolhidos através do processo de condensação e os compostos não voláteis permanecem na água a ferver que pode ser recolhida pelo método de evaporação rotativa.

A eficiência dos métodos convencionais depende da escolha da polaridade do composto e da escolha do solvente. Como a polaridade dos compostos pode variar, é difícil desenvolver um único método de extracção (Silva et.al. 2016).

2) **Técnicas não convencionais:**

A fim de ultrapassar as limitações incorridas pelas técnicas convencionais, foram concebidos vários métodos não convencionais. São os seguintes: extracção assistida por ultra-sons, extracção assistida por enzimas, extracção assistida por microondas, extracção assistida por campo eléctrico pulsado, extracção de fluidos supercríticos e extracção de líquidos pressurizados.

a) **Extracção assistida por ultra-sons**: Neste método, as ondas sonoras passam através do material líquido ou líquido contendo material sólido, criando compressão e expansão. Isto leva a um efeito de cavitação que quebra as paredes celulares dos materiais vegetais, libertando assim o conteúdo do interior das células. Nesta energia cinética de movimento é convertida em energia térmica que facilita o acesso acelerado dos solventes aos materiais no interior das células.

b) **Extracção assistida por enzimas**: Enzimas como a celulase, a-amilase, Neutrase (protease) etc. são utilizadas para o pré-tratamento do material vegetal a fim de hidrolisar polissacáridos (moléculas de lignina) e corpos lipídicos para libertar os compostos bioactivos ligados que são geralmente inacessíveis aos solventes.

c) **Extracção assistida por micro-ondas**: Os campos

electromagnéticos na gama de frequências de 300 MHz a 300 GHz são chamados micro-ondas. Eles, tais como, campo eléctrico e campo magnético, são os dois campos oscilantes que são perpendiculares um ao outro e constituem as microondas. As microondas têm impactos directos nos materiais polares este é o princípio utilizado no aquecimento por microondas (Letellier e Budzinski, 1999). É considerado como um método verde para extrair compostos bioactivos, uma vez que não estão envolvidos solventes orgânicos no processo.

d) **Extracção assistida por campo eléctrico pulsante**: Neste método, um potencial eléctrico passa através da membrana da célula. Dependendo das cargas sobre as moléculas da membrana, o potencial eléctrico separa-as. Após exceder o valor crítico de IV, são criadas áreas fracas com poros na membrana da célula. A transferência de massa aumenta, o que aumenta a extracção e diminui o tempo de extracção, destruindo a membrana celular do tecido da planta. Este é também um método verde de extracção de compostos bioactivos, uma vez que não estão envolvidos solventes orgânicos no processo (Azmir et.al. 2013).

e) **Extracção de fluidos supercríticos:** É um estado distinto que só poderia ser alcançado se uma substância fosse sujeita a pressão e temperatura para além do seu ponto crítico. Não existe uma fase líquida ou gasosa distinta nos fluidos supercríticos. Tanto as propriedades dos gases como as dos líquidos são possuídas pelos fluidos supercríticos. Isto ajuda na extracção de compostos em pouco tempo e rendimentos mais elevados. Há um solvente (geralmente um gás CO_2) e uma bomba para pressurizar o gás, co solvente e uma bomba, um forno com recipiente de extracção, um controlador e um recipiente de reter.

f) **Extracção de líquidos pressurizados:** Neste, o solvente de extracção permanece no estado líquido para além do seu ponto de ebulição normal sob alta pressão. O processo de extracção é facilitado sob condições de alta pressão e temperatura. Devido à alta temperatura e pressão, a solubilidade do analito e a taxa de transferência de massa é aumentada. A viscosidade e tensão superficial dos solventes é diminuída; isto melhora a taxa de extracção (Ibañez et.al. 2012).

g) **Extracção assistida por plasma a frio:** É um método não térmico de extracção de compostos. Consiste em electrões a alta temperatura, e iões a baixa temperatura e moléculas não carregadas e radicais livres. A temperatura do gás do plasma frio permanece baixa, uma vez que é mais eficaz para arrefecer iões e moléculas não carregadas do que a transferência de energia dos electrões. A pouca profundidade de penetração ajuda a proteger os nutrientes de serem destruídos. Os agentes activos presentes no plasma frio podem quebrar as ligações covalentes e produzir muitas reacções químicas tais como gravura superficial (criação de poros/ danos nos tecidos), despolimerização (formação de novos compostos através da quebra do amido), ligação cruzada. (Karunanithi et.al. 2022). É uma técnica acessível e de baixo custo que não requer solventes adicionais para a extracção dos compostos desejados.

Extracção de compostos bioactivos de frutas, vegetais e outros resíduos alimentares As cascas de frutas e vegetais e outros resíduos alimentares são uma rica fonte de compostos bioactivos que podem ser extraídos com a ajuda de qualquer um dos métodos acima descritos. Foram realizados muitos estudos sobre a extracção de vários compostos bioactivos dos resíduos alimentares (Quadro 1). A caracterização dos compostos bioactivos extraídos pode ser feita por HPLC, NMR, espectrofotometria UV, etc.

Quadro 1: Agro-biomassa para a extracção de compostos bioactivos

S. No.	Material	Product	Source
1.	Banana pseudostem	Tannic, pyrocatechol, catechol, gentisic, (þ)-catechin, protocatechuic, gallic, caffeic, chlorogenic, ferulic, and cinnamic acids	Saravanan and Aradhya (2011)

2.	Banana skin	Chrysin, quercetin, catchin, cianamic, caffeic, and coumarin	Aboul-Enein *et.al.* (2016)
3.	Banana flower	Catechin hydrate, Chlorogenic acid, Vanillic acid, Syringic acid, p-coumaric acid, Ferulic acid, Salicylic acid, Quercetin dihydrate, Quinic acid, Ferulic acid and Salicylic acid	Begum and Deka (2019)
4.	Orange peels	Limonene and hesperidin etc.	Jokić et al. (2019)
5.	Orange juice	Hesperidin, eriocitrin, p-coumaric acid, chlorogenic acid and ferulic acid	Iglesias-Carres et. al. (2019)
6.	Pomegranate peels	Gallic, ellagic, caffeic, chlorogenic, butyric, erucic, ferulic, and cinnamic acids	Mo. et. al. (2022)
7.	Onion peels	Quercetin, protocatechuic acid, kaempferol etc.	Kumar et.al. (2022)
8.	Wheat bran	Ferulic acid, dihydroxybenzoic acid, sinapic acid, p-coumaric acid, and avenanthramide	Călinoiu and Vodnar (2020)
9.	Olive pomace	Hydroxytyrosol , comselogoside, elenolic acid derivative, tyrosol, oleoside riboside	Nunes *et.al.* (2018)
10.	Potato peels	Chlorogenic acid	Manousaki A. (2016)

REFERÊNCIAS

Aboul-Enein A.M., Salama Z.A., Gaafar A.A. et al (2016) Identificação de compostos fenólicos de casca de banana (Musa paradaisica L.) como agentes antioxidantes e antimicrobianos. J Chem Pharm Res 8:46-55

Azmir J., Zaidul I.S.M., Rahman M.M., Sharif K.M., Mohamed A., Sahena F., Jahurul M.H.A., Ghafoor K., Norulaini N.A.N., Omar A.K.M. (2013). Técnicas para a extracção de compostos bioactivos de materiais vegetais: Uma revisão. Journal of Food Engineering 117: 426-436

Begum Y.A. e Deka S.C. (2019). Perfil químico e propriedades funcionais das brácteas internas e externas ricas em fibras alimentares de flor de bananeira culinária. J Food Sci Technol. 56(12):5298-5308

Călinoiu L.F. e Vodnar D.C. (2020). Processamento térmico para a libertação de compostos fenólicos a partir de farelo de trigo e aveia. Biomoleculas. 10(1): 21

Dey P., Kundu A., Kumar A., Gupta M., Lee B.M., Bhakta T., Dash S., e Kim H.S. (2020). Análise de alcalóides (alcalóides de indole, alcalóides de isoquinolina, alcalóides de tropano). Avanços Recentes na Análise de Produtos Naturais. 505-567

Ibañez E., Herrero M., Mendiola J.A., Castro-Puyana M., (2012). Extracção e caracterização de compostos bioactivos com benefícios para a saúde a partir de recursos marinhos: macro e micro algas, cianobactérias, e invertebrados. In: Hayes, M. (Ed.), Marine Bioactive Compounds: Fontes, Caracterização e Aplicações. Springer, pp. 5598

Iglesias-Carres L., Mas-Capdevila A., Bravo, F.I., Aragonés G., Begoña Muguerza B., Arola-Arnal A. 2019. Optimização de um método de extracção de polifenóis para polpa de laranja doce (Citrus sinensis L.) para identificar compostos fenólicos consumidos a partir de laranjas doces. https://doi.org/10.1371/journal.pone.0211267

Jokic S., Molnar M., Cikos A.M., Jakovljevic M., Safranko S. e Jerkovic I. 2020. Separação de compostos bioactivos seleccionados de casca de laranja utilizando a sequência de extracção supercrítica de CO2 e extracção de solvente por ultra-sons: optimização do conteúdo de limoneno e hesperidina. Ciência e Tecnologia da Separação. 55, 15

Karunanithi S., Eswaran G.M., Guha P. e Srivastav P.P. (2022). Novel Cold Plasma Assisted Extraction of Bioactive Compounds from Agricultural by Products for the Food Industry. https://www.foodinfotech.com/novel-cold-plasma-assisted-extraction- of-bioactivecompounds-for-agricultural-by-products-for-the-food-industry/. Acedido a 21 de Julho de 2022

Kumar M., Barbhai M.D., Hasan M., Punia S., Dhumal S., Rais R.N., Chandran D., Pandiselvam R., Kothakota A., Tomar M., Satankar V., Senapath M., Anitha T., Dey A., Sayed A.A.S., Gadallah F.M., Amarowicz R. e Mekhemar M. (2022). A cebola (Allium cepa L.) descasca: Uma revisão sobre compostos bioactivos e actividades biomédicas. Biomedicina e farmacoterapia. 146:112498

Letellier, M. e Budzinski, H. (1999). Extracção assistida por micro-ondas de compostos orgânicos. Analusis 27 (3), 259-270

Malireddy S., Kotha S., Secor J.D., Gurney, T.O, et.al. (2012). Fitoquímicos Antioxidantes Modular Epigenoma Celular de Mamíferos: Implicações na Saúde e na Doença. Antioxidantes e Sinalização Redox 17(2):327-39

Manousaki A., Jancheva M., Grigorakis S. e Makris D. (2016) Extracção de fenóis antioxidantes de biomassa de resíduos agro-alimentares utilizando uma mistura natural de baixa temperatura de transição à base de glicerol recentemente concebida: uma comparação com solventes ecológicos convencionais. Reciclagem. 1:194-204. doi: 10.3390/reciclagem1010194

Mo Y, Jiaqi Ma J., Wentao Gao W., Zhang L., Li J., Jingming Li J. e Zang J. Pomegranate Peel as a Source of Bioactive Compounds: Uma Mini Revisão sobre as suas Funções Fisiológicas. Frente. Nutr. https://doi.org/10.3389/fnut.2022.887113

Nunes M. A., Costa A.S.G., Bessada S., Santos J., Puga H., Alves R.C., Freitas V., Oliveira M.B.P.P. (2018) O bagaço de azeitona como uma valiosa fonte de compostos bioactivos: Um estudo sobre os seus componentes lipídicos e hidrossolúveis. Ciência do Ambiente Total. 644, pp. 229-236

Perveen S. (2018). Capítulo Introdutório: Terpenos e Terpenoides. Terpenos e Terpenóides, pp 152

Saravanan K. e Aradhya S.M. (2011) Polifenóis de pseudostem de diferentes cultivares de banana e as suas actividades antioxidantes. J Agric Food Chem 59:3613-3623.

Sharma M., Koul, A., Sharma D., Kaul, S., Swamy M. K., e Dhar M. K. (2019). "Metabolic engineering strategies for enhancing the production of bio-active compounds from medicinal plants", em Natural Bio-active Compounds, eds M. Akhtar e M. Swamy, (Singapura: Springer)

Silva R. P. F. F., Rocha-Santos T. A. P., e Duarte A. C. (2016). Extracção de fluidos super-críticos de compostos bioactivos. Trac Tendências em Química Analítica, 76, 40-51

Singla R.K., Dubey A.K., Garg A., Sharma R.K., Fiorino M., Ameen S.M., Haddad M.A., Al-Hiary M. (2019). Polifenóis naturais: Classificação Química, Definição de Classes, Subcategorias, e Estruturas. Journal of AOAC International Vol. 102 (5): 1397-1400

Soquetta M.B., Terra L.D.M e Bastos C.P. (2018). Tecnologias verdes para a extracção de compostos bioactivos em frutas e legumes. Cyta - Journal of Food. 16 (1): 400-412

3. PROTEÍNAS E A SUA EXTARCÇÃO

As proteínas são uma classe de uma ou mais longas cadeias de aminoácidos contendo macromoléculas. São moléculas altamente complexas que estão presentes em todos os organismos vivos. Estão directamente envolvidas em vários processos químicos que são importantes para a vida. As proteínas são constituídas por 20 aminoácidos diferentes. Destes nove são considerados essenciais, uma vez que o nosso corpo é incapaz de os produzir e têm de ser retirados de outras fontes, tais como plantas e outras fontes animais. Nove aminoácidos essenciais incluem histidina, treonina, isoleucina, leucina, lisina, metionina, fenilalanina, triptofano, e valina. Algumas das proteínas mais importantes são enzimas e hormonas que ocorrem em quantidades muito pequenas mas desempenham papéis essenciais no nosso corpo. As plantas são também uma rica fonte de proteínas, por exemplo, soja, quinoa, trigo sarraceno, cereais, leguminosas, vegetais, etc. Os aminoácidos são compostos de átomo de carbono alfa (central) ligado a um grupo amino, um grupo carboxilo, um átomo de hidrogénio, e um componente variável chamado cadeia lateral. As proteínas podem ser diferenciadas com base nas suas cadeias laterais únicas de aminoácidos. A maior parte das cadeias laterais de aminoácidos são não polares, enquanto algumas também têm cadeias laterais polares (Koshland e Haurowitz, 2020). Existem certas características únicas de cada proteína que incluem composição de aminoácidos, estruturas subunitárias, ponto isoeléctrico, sequência, tamanho, forma, carga líquida, solubilidade, estabilidade térmica e hidrofobicidade (Nehete et.al. 2013).

A proteína é constituída por vários aminoácidos ligados entre si por ligações de peptídeos, que formam uma longa cadeia. As proteínas podem ser divididas nos seguintes tipos, com base na sua estrutura (Figura 1):

Estrutura primária: A estrutura linear dos aminoácidos dentro da proteína é conhecida como a estrutura primária das proteínas. Neste aminoácidos estão ligados entre si por ligações de peptídeos. A sequência de aminoácidos é determinada pelos genes nas moléculas de ADN que codificam para ela. Quaisquer alterações nos genes podem também causar alterações na sequência de aminoácidos.

Estrutura secundária: A estrutura secundária das proteínas refere-se à estrutura dobrada das cadeias de polipéptidos. Isto acontece devido à ligação intramolecular, por vezes intermolecular de hidrogénio de grupos amida. O tipo de estrutura mais comum inclui a-helix e в folhas plissadas. As ligações de hidrogénio são formadas entre o carbonilo O de um aminoácido e o amino H de outro.

a) **a - Hélice:** nisto o carbonilo (C=O) do aminoácido 1 forma uma ligação de hidrogénio com o N-H do aminoácido 5. Isto dá uma forma helicoidal (fita) à proteína porque as cadeias de polipeptídeos são puxadas juntas. Cada hélice é constituída por 3,6 aminoácidos. Os grupos R- permanecem fora da hélice e são livres de interagir com outras cadeias de aminoácidos.

b) **в folha plissada:** Neste, os segmentos de cadeia de polipeptídeos alinham-se paralelos ou antiparalelos uns aos outros formando uma estrutura semelhante a uma chapa que é mantida unida por ligações de hidrogénio.

Estrutura terciária: É principalmente devido à interacção entre os grupos R dos aminoácidos que compõem a estrutura terciária em 3-D das proteínas. Na estrutura terciária podem encontrar-se ligações de hidrogénio, ligações iónicas, interacções dipólo-dipólo e a ligação especial de dissulfureto entre aminoácidos contendo enxofre.

Estrutura quaternária: A maioria das proteínas tem uma das três estruturas acima mencionadas, mas algumas proteínas têm uma estrutura muito complexa contendo múltiplas cadeias de polipéptidos conhecidas como subunidades. Elas formam uma estrutura quaternária, por exemplo, hemoglobina.

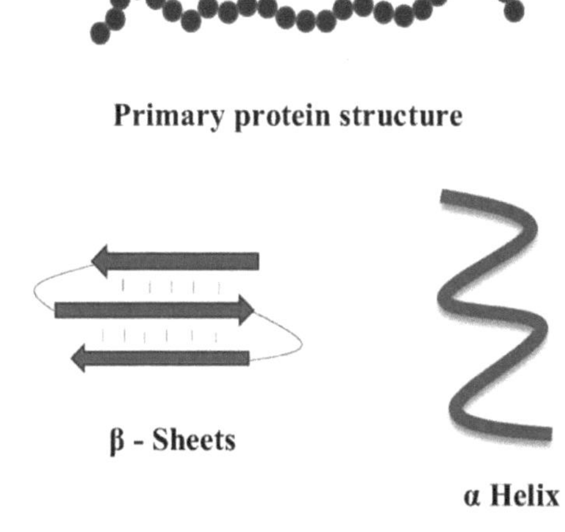

Estrutura secundária de proteínas

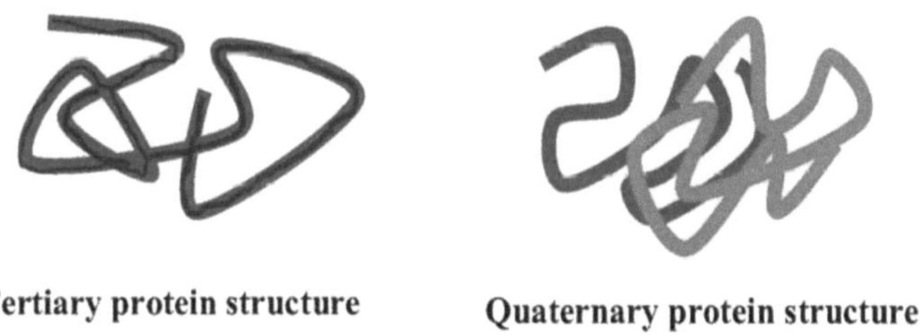

Fig 1. Estruturas proteicas

Técnicas de extracção de proteínas

A extracção de proteínas envolve técnicas simples (Figura 2) como a lisagem celular ou homogeneização, centrifugação, solubilização e precipitação de amostras brutas e técnicas refinadas como as colunas de afinidade (Martínez 2020).

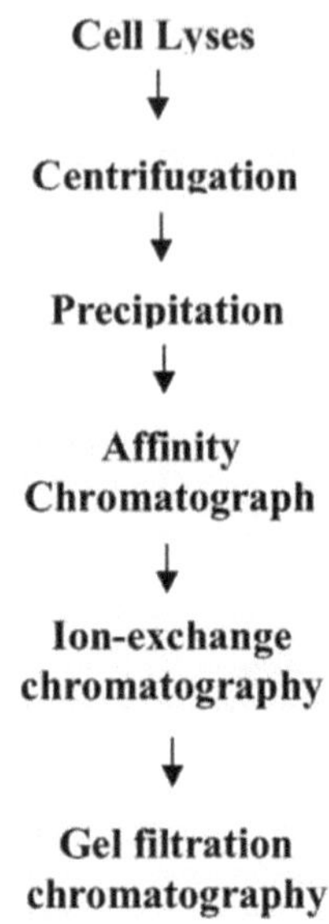

Fig. 2. Passos envolvidos na extracção e purificação de proteínas

1) **Lyses celulares:** Os tecidos vegetais são congelados e depois triturados ou homogeneizados para quebrar as paredes celulares em ácido acético ou outro solvente ou tampão depois de mergulhados durante a noite. A espuma é descartada, o pH é ajustado e as proteínas da amostra são libertadas.

2) **Centrifugação:** A amostra é então centrifugada de modo a remover os detritos celulares. Normalmente um solvente de extracção ou tampão, por exemplo, ácido acético, está envolvido nesta etapa. Este processo ajuda na extracção principalmente de proteínas exosomais.

3) **Precipitação:** Nesta etapa, a proteína é precipitada com o método de salga. Normalmente, são utilizados sais neutros

como sulfato de amónio para este fim. O sal ajuda na interacção proteína-proteína. Como a concentração de sal é aumentada, as cargas presentes na superfície da proteína interagem mais com o sal do que com a água. Isto torna as proteínas hidrófobas, o que leva as proteínas a formar agregados e a precipitar.

4) **Cromatografia de afinidade:** É uma técnica de separação basicamente um processo de purificação de proteínas, enzimas, etc. Nela, um ligante estacionário específico como a coluna de gel Affi-blue é utilizado para purificar proteínas específicas que se ligam ao material da coluna. A proteína pode então ser eluídas com NaCl com pH específico (geralmente tampão Tris-HCl). O ligante ligante liga-se directamente à proteína ou à etiqueta que está covalentemente ligada à proteína. Esta proteína pode ser utilizada como tal após a dialisação ou pode ser purificada posteriormente. Este processo é altamente selectivo e pode proporcionar boa resolução e capacidade na purificação da proteína (Urh et.al. 2009).
5) **Cromatografia de troca iónica:** Este método é baseado na carga líquida da proteína. São de dois tipos: cromatografia de troca aniónica e cromatografia de troca catiónica. Dependendo da composição do aminoácido e também de quaisquer modificações covalentemente ligadas, as proteínas podem ser carregadas ou positivamente (catiónica) ou negativamente (aniónica). A carga depende também do solvente em que a proteína é dissolvida, uma vez que o solvente troca iões de hidrogénio com proteína (Kosanovic et.al. 2017; Clark e Edwards, 2018). Tendo todos estes factores em mente, pode ser seleccionada uma coluna específica para a purificação da proteína, por exemplo, Q-Sepharose. A proteína é eluida

usando NaCl em tampão Tris HCl a pH específico. Esta proteína pode ser utilizada como tal ou pode ser purificada posteriormente.

6) **Cromatografia de filtração em gel ou cromatografia de exclusão de tamanho ou cromatografia de peneira molecular:** Neste método, as proteínas em solução (tampão) são geralmente separadas com base no seu tamanho. A coluna é embalada com uma fase estacionária, por exemplo Sephadex, e as proteínas ligadas são eluídas com um tampão, por exemplo tampão fosfato a pH específico (Aryal 2022).

Dependendo da exigência e do tipo de proteína a ser purificada, uma ou todas estas etapas podem ser executadas, excepto os lisos celulares e a centrifugação, que são etapas iniciais comuns antes de todas as outras etapas.

7) **Outros métodos químicos:** A precipitação de proteínas também pode ser feita com a ajuda de solventes como acetona, etanol, etc. Podem também ser utilizados metais pesados, por exemplo, nitrato de mercúrio, etc. (os metais pesados podem ser tóxicos). Outros métodos químicos estão também presentes para formar isolados de proteínas, por exemplo, isolados de proteínas de soja, isolados de proteínas de farinha de glúten de milho, etc. Neste, o pó seco do material do qual a proteína precisa de ser extraída é dissolvido em água e o pH é mantido a cerca de 7,0 com a ajuda de NaOH. Após agitação constante durante cerca de 1 h a mistura é centrifugada e a camada de gordura é separada e filtrada (caso a gordura não tenha sido removida do pó). Depois disto, a proteína é precipitada a pH 4,5 mantida com a ajuda de HCl. A mistura é então centrifugada e a suspensão é neutralizada com NaOH em água

destilada. A proteína em pó é então filtrada e liofilizada (Chamba et.al. 2015). O ácido nítrico também pode ser utilizado para precipitar as proteínas.

8) **Extracção enzimática:** Várias enzimas tais como proteases, alcalase, aromatizantes, xilanase e celulase ácida, etc. são utilizadas para extrair proteínas. A extracção enzimática é considerada como um método suave de extracção de proteínas. Embora, o tipo de enzima a ser utilizada para o efeito possa variar com o tipo de proteína a ser extraída.

Proteínas solúveis e insolúveis

A solubilidade da proteína depende da carga líquida que ela contém. No ponto isoeléctrico (pH específico), a carga líquida de molécula de proteína é zero, abaixo dela a carga é positiva e acima dela é negativa. No ponto isoeléctrico, a proteína é insolúvel. No pH superior ao ponto isoeléctrico, a solubilidade da proteína é aumentada. O ponto isoeléctrico das proteínas varia da gama de pH de 5,5 a 8,0. Se a proteína tem uma carga tende a interagir mais com a água, o que a torna mais solúvel (Alberts et.al. 1998).

Extracção de proteínas de várias frutas, vegetais e outros resíduos alimentares

As frutas, cascas de vegetais e outros subprodutos consistem em vários tipos de proteínas que podem ser extraídas e utilizadas para diferentes fins. Foram realizados estudos sobre a extracção e utilização de proteínas destes subprodutos (Quadro 1). As proteínas extraídas podem ser caracterizadas para conhecer o seu teor de aminoácidos através de HPLC, analisador de aminoácidos, espectrometria de massa de ionização por laser de dessorção assistida por matriz (MALDI-TOF MS). SDS- Página pode ser utilizada para sequenciação de proteínas para determinar o tipo e tamanho das proteínas.

S. No.	Material	Source
1.	Wheat Bran	Hemery et al. (2011)
2.	Banana Peel	Budhalakoti (2021)
3.	Guar Meal	Sandhu et.al. (2018)
4.	Rice Bran	Larsson (2020)
5.	Olive Leaves	Vergara-Barberán (2015)
6.	Rapeseed and Soybean Meal	Sari et.al. (2013)
7.	Sunflower meal	Pickardt et.al. (2009)
8.	Banana flower	Sitthiya et.al. (2018)
9.	Pumpkin Seeds	Lalnunthari et.al. (2020)
10.	Cashew nut shell	Yuliana et.al. (2014)

Quadro 1: Agro-biomassa para a extracção de proteínas

Tipos de proteínas extraídas de subprodutos vegetais

Várias propriedades físico-químicas e funcionais desejáveis, como a solubilidade, espuma e emulsificação, capacidade de ligação a água e óleo e gelificação são as propriedades ideais que as proteínas vegetais devem possuir (Wang & Kinsella, 1976). Proteínas como oxalate oxidase, lipoxigenase, inibidor da xilanase I (XIP-I), quitinase e endocitinase, inibidor da a-amilase/subtilisina, proteína semelhante à taumatina, etc. podem ser extraídas do farelo de trigo (Jerkovic et.al. 2010). Nucleosídeos difosfato quinase, endoquitinase, S-adenosilmetionina (SAM) sintetase, etc. proteínas podem ser extraídas de cascas de banana (Zhang et.al. 2012). A proteína da farinha de girassol contém boas quantidades de albuminas (17% a 30%) e globulinas (tamanho 300 a 350 kDa). Além disso, os hidrolisados de proteínas de girassol possuem efeito inibidor da ECA e actividade antioxidante (Filho e Egea 2021). O polipéptido Rubisco (subunidade grande) é encontrado mais abundantemente em folhas de oliveira. Este tipo de proteína é considerado excepcionalmente bom na sua composição de aminoácidos (aminoácidos essenciais) (Wang et.al. 2003). A farinha de soja após tratamento térmico para desnaturar os inibidores da tripsina que de outra forma interfeririam na digestão é uma fonte muito boa de proteína comparável à fonte de proteína animal (Qin et.al. 2022). O farelo de trigo tem um teor muito elevado de lisina e arginina. É também rico em triptofano, tirosina e cisteína (Kamal et.al. 2021). As principais proteínas encontradas nas sementes de abóbora são a globulina 11S que é homóloga às que são relatadas nas sementes de leguminosas (Rezig et.al. 2013). Armazenam principalmente nutrientes essenciais para o crescimento das plantas e apresentam elevadas propriedades emulsificantes. Outras fontes como os subprodutos da destilaria à base de arroz, conhecidos como Distiller's Dried Grains with Solubles (DDGS) e Wet Solids (WS), são ricos em proteínas fermentadas que também podem ser exploradas para extracção de proteínas. Consistem principalmente em albumina, prolamina, globulina e proteínas do tipo glutelina. Estas proteínas podem ser exploradas na produção de filmes à base de proteínas, proteínas em pó, isolados de proteínas, concentrados de proteínas, etc. (Singh et.al. 2019). As proteínas da castanha de caju desengordurada consistem principalmente em globulina, albumina, glutelina e gliadina (Yuliana et.al. 2014).

VANTAGENS E DESVANTAGENS DOS MÉTODOS DE EXTRACÇÃO

Os métodos de extracção podem variar consoante a fonte da qual a proteína precisa de ser extraída. As técnicas de extracção podem ser eco-amigáveis com redução do uso de solventes e também do tempo se for aplicada pressão. Isto leva a um aumento na taxa de extracção e o rendimento é também elevado. Estes métodos podem ser menos dispendiosos, uma vez que não são necessários muitos instrumentos sofisticados de alto nível para efeitos de extracção. Estas técnicas requerem um modo operacional simples e podem ser altamente eficientes na recuperação dos produtos desejados, como compostos bioactivos e proteínas. Embora, as suas possibilidades de impurezas, erros analíticos, elevado custo de capital se técnicas como ultra-sons, pressão, microondas, etc. forem aplicadas. As altas temperaturas podem levar à degradação de compostos termo-lábeis (Ajila et.al. 2010).

Utilização de compostos bioactivos e proteínas extraídas de subprodutos vegetais

Os compostos bioactivos extraídos da biomassa vegetal têm várias utilizações no campo da medicina, uma vez que mostram um papel activo no tratamento de doenças como Alzheimer, Parkinson, etc. Além disso, podem ser utilizados para dar sabor, odor e sobretudo cor aos alimentos. Estes extractos são considerados como tendo benefícios à base de plantas e são utilizados como medicamentos à base de plantas. Mostram actividade antioxidante, anticancerígena, antimalárica, antiulcerígena, antimicrobiana, anti-inflamatória (Parham et.al. 2020). As proteínas e os antioxidantes naturais (compostos bioactivos) podem ser utilizados como ingredientes valiosos em alimentos funcionais e também usados em cosméticos (Kumar e Goel 2019). Os subprodutos vegetais são ricos em polifenóis tais como flavonóis, galotanos, xantonas, etc. que também podem ser utilizados como ração animal (Gessner et.al. 2016). Para melhorar as suas propriedades promotoras da saúde, podem ser adicionados compostos bioactivos aos alimentos ou produtos alimentares. Carotenóides, antocianinas e curcumina podem ser utilizados como corantes compostos bioactivos (Hamzalioglu e Gokmen 2016). Os benefícios para a saúde dos compostos bioactivos dependem principalmente das suas capacidades de digestão, o que também tem um efeito na sua biodisponibilidade (Santos et.al. 2019). As interacções dos compostos fenólicos com proteínas são responsáveis pela cura de vários produtos vegetais, por exemplo, a cura do chá, o cacau tem uma ênfase especial no papel dos fenóis e quinonas, e as suas reacções com proteínas (Loomis e Baitaile 1966). As proteínas extraídas de plantas ou subprodutos agrícolas podem servir como fonte de nutrição e benefícios para a saúde, essenciais para aliviar a desnutrição. Podem ser incorporadas em suplementos alimentares utilizando técnicas de extracção rentáveis (Kumar et.al. 2021). A literatura mostra que a utilização de proteínas residuais dos alimentos ainda está principalmente em progressão apenas em laboratórios e não à escala comercial. É necessário tomar muitas medidas para fazer uma utilização segura das proteínas extraídas também a nível comercial (Kamal et.al. 2021). As proteínas de base vegetal podem ser utilizadas em revestimentos comestíveis para frutas e vegetais, como hidrogéis para o fornecimento de medicamentos, suplementos proteicos e como emulsionantes em vários produtos alimentares (Kumar et.al. 2022). As proteínas de base vegetal extraídas dos seus subprodutos também podem ser utilizadas para vários fins úteis, dependendo da sua composição em aminoácidos. Sementes de abóbora, sementes de girassol, etc. estão a ser utilizadas como suplementos proteicos devido ao seu rico perfil de aminoácidos, sendo também uma rica fonte de compostos bioactivos. Como a dieta vegana está a ganhar popularidade entre as pessoas, é importante concentrar-se nas fontes vegetais para a nutrição, portanto, tais alternativas podem beneficiar.

REFERÊNCIAS

Ajila C.M., Brar K., Verma M., Tyagi R.D., Godbout S. e Valero J.R. (2010). Extracção e Análise de Polifenóis: Tendências recentes. Revisões críticas em Biotecnologia 31(3):227-49

Alberts B., Bray D., Johnson A., Lewis J., Raff M., Roberts K., e Walter P. (1998). Essential Cell Biology (Biologia Celular Essencial): An Introduction to the Molecular Biology of the Cell. Nova Iorque: Garland

Aryal, S. (2022) Gel Filtration Chromatography- Definição, Princípio, Tipos, Partes, Passos, Usos. https://microbenotes.com/gel-filtration-chromatography/. Acedido a 26 de Julho de 2022

Budhalakoti N. (2021). Extracção de proteína de subproduto da banana e sua caracterização. Journal of food measurement & characterization 15(3) pp. 2202 2210

Chamba M.V.M., Hua Y., Murekate N., c Chen, Y. (2015). Efeitos dos produtos químicos sintéticos e naturais de extracção no rendimento, composição e qualidade proteica dos isolados proteicos de soja extraídos de farinhas cheias de gordura e desengorduradas. J Food Sci Technol. 52(2): 1016-1023

Kamal H., Le C.F., Salter A.M. e Ali A. (2021). Extracção de proteínas a partir de resíduos alimentares: Uma visão geral do estado actual e das oportunidades. Revisões abrangentes em Ciência Alimentar e Segurança Alimentar. https://doi.org/10.1111/1541-

4337.12739.

Koshland D. E. e Haurowitz F. (2020) "proteínas". Encyclopedia Britannica, 1 Dez. 2020, https://www.britannica.com/science/protein. Acedido a 25 de Julho de 2022

Kumar N. e Goel N. (2019). Ácidos fenólicos: Moléculas versáteis naturais com aplicações terapêuticas promissoras. 24: e00370

Kumar M., Tomar M., Potkule J., Verma R., Punia S., Mahapatra A., Belwal T., Dahuja A., Joshi S., Berwal M.K., Satankar V., Bhoite A.G., Amarowicz R., Kaur C. e Kennedy J.F. (2021). Avanços na extracção de proteínas vegetais: Mecanismo e recomendações. Hidrocoloides alimentares. 115, 106595

Kumar M., Tomar M., Punia S., Dhakane-Lad J., Dhumal S., Changan S., Senapathy M . , Berwal M.K., Sampathrajan V., Sayed A.A.S., Chandran D., Pandiselvam R., Rais N . , Mahato D.K., Udikeri S.S., Satankar V., Anitha T., Reetu., Radha., Singh S., Amarowicz R. e Kennedy J.F. (2022). Proteínas de origem vegetal e as suas múltiplas aplicações industriais. LWT. 154, 112620.

Loomis W.D. e Battaile J. (1966). Compostos fenólicos vegetais e o isolamento das enzimas vegetais. Fitoquímica. 5(3): 423-438

Clark D.D. e Edwards D.J. (2018) Purificação virtual de proteínas: Um exercício simples para introduzir o ph como parâmetro que afecta a cromatografia de troca iónica. Biochem Mol Biol Educ 46(1): 91-97

Filho J.G.D.O. e Egea M.B. (2021). Subproduto de sementes de girassol e suas fracções para aplicação alimentar: Uma tentativa de melhorar a sustentabilidade do processo petrolífero. https://doi.org/10.1111/1750-3841.15719.

Gessner D. K., Ringseis R. e Eder K. (2016). Potencial dos polifenóis vegetais para combater o stress oxidativo e processos inflamatórios em animais de criação. Journal of Animal Physiology and Animal Nutrition. https://doi.org/10.1111/jpn.12579

Hamzalioglu A., Gokmen V. (2016). Interacção entre Compostos Bioactivos de Carbonilo e Asparagina e Impacto sobre a Acrilamida. Acrilamida na Análise de Alimentos, Conteúdo e Potenciais Efeitos na Saúde. Pp. 355-376

Hemery, Y., Holopainen, U., Lampi, A. M., Lehtinen, P., Nurmi, T. Piironen, V., Edelmann, M., & Rouau, X. (2011). Potencial de fraccionamento seco de farelo de trigo para o desenvolvimento de ingredientes alimentares, parte II: Separação electrostática de partículas. Journal of Cereal Science. 53(1): 9-18

Jerkovic A., Kriegel A.M., Bradner J.R., Atwell B.J., Roberts T.H. e Willows R.D. (2010). Distribuição Estratégica de Proteínas Protectoras dentro de Camadas de Trigo Protege o Endosperma Nutriente-Rico. Fisiol Vegetal. 152(3): 1459-1470.

Kamal H., Foh Le C., Salter A.M. e Ali A. (2021). Extracção de proteínas a partir de resíduos alimentares: Uma visão geral do estado actual e das oportunidades. Revisões abrangentes em Ciência

Alimentar e Segurança Alimentar. https://doi.org/10.1111/1541-4337.12739

Kosanovic M, Milutinovic B., Goc S., Mitic N., Jankovic M. (2017) Cromatografia de permuta iónica purificação de vesículas extracelulares. Biotechniques 63(2): 65-71

Lalnunthari C., Devi L.M., e Badwaik L.S. (2020). Extracção de proteínas e pectina de subprodutos da indústria da abóbora e sua utilização para o desenvolvimento de película comestível. J Food Sci Technol. 57(5): 1807-1816

Larsson E. (2020). Extracção de Farelo de Arroz Rastreio da digestão enzimática, solubilização utilizando deslocamento de pH e ruptura mecânica através da moagem de esferas. Tese de Mestrado 2020:03. Departamento de Biologia e Engenharia Biológica, Chalmers University of Technology, Gothenburg

Martínez L. M. (2020) Protocolo de extracção de proteínas. https ://wwww. sepmag. eu/blog/protein- extracção-protocolo#:~:text=The%20process%20of%20protein%20extraction, as%20affinity%20columns%20and%20immunoprecipitation. Acedido a 25 de Julho de 2022

Nehete J.Y., Bhambar R.S., Narkhede M.R., e Gawali S.R. (2013). Proteínas naturais: Fontes, isolamento, caracterização e aplicações. Pharmacogn Rev.7(14): 107-116

Parham S., Kharazi A.Z., Bakhsheshi-Rad H.R., Nur H., Ismail A.F.,

Sharif S., Krishna S.R. e Berto F. (2020). Propriedades Antioxidantes, Antimicrobianas e Antivirais de Materiais Herbáceos. Antioxidantes. 9:1309

Pickardt C., Neidhart S., Griesbach C., Dube M., Knauf U., Kammerer D.R. e Carle R. (2009). Optimização da extracção de proteínas lácteas da farinha de girassol desengordurada (Helianthus annuus L.). Hidrocoloides alimentares. 23(7): pp 1966-1973

Qin P., Wang T. e Luo Y. (2022). A review on plant-based proteins from soybean: Health benefits and soy product development. Journal of Agriculture and Food Research. 7, 100265

Rezig L., Chibani F., Chouaibi M., Dalgalarrondo M., Hessini K., Guéguen J. e Hamdi S. (2013). Proteínas de Abóbora (Cucurbita maxima) Proteínas de Sementes: Processamento de Extracção Sequencial e Caracterização de Fracções. J. Agric. Química Alimentar. 61, 7715-7721

Sandhu, P.P., Bains, K., Singla, G e Sangwan, R.S. (2018) Propriedades Nutricionais e Funcionais da Farinha de Refeição de Proteína Alta Guar *(Cyamopsis tetragonoloba)* Desengordurada, Desengordurada e Sem Sabor. Proc. Natl. Acad. Sci., India, Sect. B Biol. Sci. 89, 695-701

Santos D.I., Saraiva J.M.A., Vicente A.A. e Moldao-Martins M. (2019). Métodos para determinar a biodisponibilidade e bioacessibilidade de compostos bioactivos e nutrientes. Processamento térmico e não térmico inovador, bioacessibilidade e biodisponibilidade de nutrientes e compostos bioactivos Série Woodhead Publishing in Food Science, Technology and Nutrition. Pp 23-54

Sari Y.W., Bruins M.E., Sanders J.P.M. (2013). Extracção de proteínas enzimáticas a partir de sementes de colza, soja e microalgas. Cultivos e Produtos Industriais.

Singh J., Karmakar S., e Banerjee R. (2019). Extracção e propriedades nutricionais de proteínas derivadas do arroz (Oryza sativa) derivados de subprodutos da destilaria: um substrato potencial para a formulação de alimentos. Biocatálise e Biotecnologia Agrícola. 22, 101364

Sitthiya K., Devkota L., Sadiq M.B., e Anal A.K. (2018). Extracção e caracterização de proteínas da flor da banana (Musa Sapientum L) e avaliação das actividades antimicrobianas. J Food Sci Technol. 55(2): 658-666

Urh M., Dan Simpson D., Zhao, K. 2009. Cromatografia de afinidade: métodos gerais. Métodos Enzymol. 463:417-38

Vergara-Barberán M, Lerma-García M. J., Herrero-Martínez J. M., Simó-Alfonso E F. (2015). Utilização de um método enzimático para melhorar a extracção de proteínas das folhas de oliveira. Química alimentar.15; 169:28-33

Wang, J.C. e Kinsella J.E. (1976). Propriedades funcionais da nova proteína: proteína da folha de alfafa. Journal of Food Science, 41 (2), pp. 286-292

Wang W., Scali M., Vignani R., Spadafora A., Sensi E., Mazzuca S. e Cresti M. (2021). Extracção de proteínas para electroforese bidimensional de folha de oliveira, um tecido vegetal que contém altos níveis de compostos interferentes. Electroforese 24(14):2369-75

Yuliana M., Truong C.T., Huynh L.H., Ho Q.P. e Ju Y-H. (2014). Isolamento e caracterização de proteínas isoladas da casca da castanha de caju desengordurada: Influência do pH e do NaCl na solubilidade e propriedades funcionais. LWT - Ciência e Tecnologia Alimentar 55(2): 621-626

Zhang L-L., Feng R-J. e Zhang Y-D. (2012). Avaliação de diferentes métodos de extracção de proteínas e identificação de proteínas expressas de forma diferente sobre a maturação precoce induzida pelo etileno em cascas de banana. DOI 10.1002/jsfa.5591

4. PRODUÇÃO BIOTECNOLÓGICA DE COMPOSTOS E PROTEÍNAS BIOACTIVAS

Os métodos biotecnológicos geralmente não utilizam organismos de tipo selvagem para produzir compostos-alvo, em vez disso, os microrganismos ou tecidos geneticamente modificados são cultivados em fermentadores que consistem em condições de processo altamente controladas (Wu et.al. 2020). Os microrganismos geralmente utilizados para a produção biológica de compostos bioactivos, tais como polifenóis, são *E-coli* e *Saccharomyces cerevisiae.* Estes microrganismos estão facilmente disponíveis e podem ser facilmente modificados geneticamente com as técnicas de manipulação genética bem definidas. Podem também ser cultivados em fermentadores facilmente, uma vez que são altamente adaptáveis a tais condições. Também é fácil trabalhar com estes organismos devido à sua rápida taxa de crescimento. As técnicas de engenharia genética são geralmente utilizadas para a produção de várias enzimas que são utilizadas para muitos fins. Existem vários métodos de engenharia genética, alguns deles são os seguintes (Jha 2022):

1) **Electroforese em gel de agarose:** É um método comummente utilizado para a separação de fragmentos de ADN, cujo tamanho varia de 100 bp a 25 kb. A agarose é constituída por uma sequência repetida de subunidades de garobiose (L- e D-galactose) que é isolada dos géneros de algas marinhas Gelidium e Gracilaria. É altamente porosa e comporta-se como uma peneira molecular durante a separação das moléculas de ADN. Os grupos de fosfato com carga negativa presentes nas moléculas de ADN ou RNA, quando colocados num campo eléctrico, deslocam-se em direcção ao ânodo com carga positiva. Devido à relação massa/carga uniforme, as moléculas

de ADN são separadas com base no seu peso molecular, que pode então ser visto sob luz UV. A taxa de migração de ADN é controlada por vários factores, dos quais a tensão aplicada também desempenha um papel além de outros factores como o tamanho da molécula de ADN, concentração de agarose, conformação do ADN, presença de brometo de etídio, tipo de agarose e tampão de electroforese (Lee et.al. 2012).

2) **Isolamento e Purificação de Ácidos Nucleicos:** A manipulação de genes requer moléculas de ADN ou RNA altamente puras. Neste método as células vegetais, bactérias, leveduras ou mamíferos são quebradas para libertar os ácidos nucleicos. Existem vários métodos para o fazer. Depois a solução aquosa que contém os ácidos nucleicos é combinada com igual volume de fenol: mistura de clorofórmio. O fenol dissocia as proteínas ligadas ao ADN enquanto o clorofórmio desnaturaliza as proteínas e os lípidos. Formam-se três camadas: a fase aquosa, a interfase e a fase orgânica. A fase aquosa consiste no ADN que pode depois ser separado e o ADN pode ser precipitado com etanol. O ADN precipitado pode então ser granulado por centrifugação e os pellets obtidos são então suspensos no tampão desejado até à sua utilização. A ribonuclease enzimática (RNase) é adicionada à camada aquosa para degradar o RNA. Outros métodos de purificação incluem o detergente cetiltrimetilamónio (CTAB) e partículas de sílica na presença de um agente desnaturante como o tiocianato de guanidínio (Chomczynski e Sacchi 1987). Técnicas semelhantes são utilizadas para separar o ADN plasmídeo das células hospedeiras sem grande contaminação do ADN cromossómico. O ADN plasmídico é utilizado para

fins de engenharia genética. Os fragmentos dos genes desejados podem ser ligados ao ADN plasmídeo e transferidos para as células de microrganismos que dividem e produzem a cópia do mesmo.

3) **Isolamento de Cromossomas:** Os cromossomas individuais dos eucariotas não podem ser separados por simples electroforese mas requerem técnicas como a classificação celular activada por fluorescência (FACS), também conhecida como citometria de fluxo ou cariotipagem de fluxo. É um método baseado no corante em que os cromossomas maiores se ligam mais ao corante do que os mais pequenos uma vez. Assim, eles fluorescem mais brilhantemente. Podem então ser separados e recolhidos.
4) **Técnicas de mancha de ácido nucleico:** É uma técnica analítica para identificar fragmentos específicos de ADN ou RNA a partir de vários outros. Neste procedimento, as amostras de ácido nucleico são manchadas ou imobilizadas numa membrana (nitrocelulose ou nylon) e depois hibridizadas para a sua detecção específica. Existem quatro tipos de técnicas de blotting blotting Sul (para ADN), Northern blotting (para ARN), Dot blotting (ADN/RNA) e Colónia e hibridação de placas (células da colónia) (Tomar 2016).
5) **Métodos de sequenciação de ADN:** É importante conhecer a função dos genes. A sequenciação de nucleótidos numa molécula de ADN ajuda ainda mais na clonagem de ADN e na manipulação de genes. Existem muitos métodos de sequenciação de ADN, por exemplo, a Técnica de Maxam e Gilbert, microarrays de ADN, etc.
6) **Síntese química do ADN:** É possível sintetizar rapidamente o

ADN no laboratório utilizando tecnologias modernas como o ADN ou sintetizadores de genes. Uma molécula de ADN longa de 100 pares de base pode ser produzida em 10 horas. Geralmente são utilizados iniciadores curtos para sintetizar quimicamente o ADN (In-vitro). Isto ajuda na utilização da DNA polimerase e torna a extremidade 3-OH livre para alongar. A síntese artificial do ADN é feita em *3* a *5* direcções, por exemplo, método da fosforamidite (Jha 2022).

Vantagens e Desvantagens dos Métodos Biotecnológicos

O avanço da tecnologia tem levado a muitas mudanças. Como o mundo tem visto muitos avanços no campo da biotecnologia, há várias vantagens, bem como desvantagens destes métodos. A manipulação genética pode levar à deslocação de espécies naturais, questões genéticas, questões de saúde, poluição do solo, etc. (FAO 2000). Além disso, estas técnicas não são muito rentáveis uma vez que requerem instrumentos sofisticados e infra-estruturas altamente desenvolvidas que podem reter o ambiente controlado. Embora, estas técnicas demonstrem algum efeito com o aumento da quantidade de geração de produtos. A curiosidade leva à procura de vias alternativas; estas técnicas podem ajudar no campo do desenvolvimento de nutracêuticos. Tanto os compostos bioactivos como as proteínas/polipéptidos ou enzimas são utilizados na produção de nutracêuticos. Também o enriquecimento nutricional destas moléculas essenciais para as culturas pode ajudar a superar a desnutrição. O uso eficiente e controlado destas tecnologias poderá beneficiar nos próximos anos.

REFERÊNCIAS

Chomczynski P. e Sacchi N. (1987). Método de isolamento do RNA por extracção de ácido guanidínio tiocianato-fenol-clorofórmio. Biochem anal. 162, 156-9

FAO (2000). Impactos das culturas transgénicas na saúde e no ambiente. https://www.fao.org/3/Y5160E/y5160e10.htm#P3_1651The. Acedido a 4 de Agosto de 2022

Jha N. (2022). Top 7 Techniques Used in Genetic Engineering. https://www.biologydiscussion.com/genetics/engineering/top-7-techniques-used-in- genetic-engineering/9877. Acesso a 02 de Agosto de 2022

Lee P.V., Costumbrado J., Hsu C-Y., e Kim Y.H. (2012). Electroforese em gel de agarose para a separação de fragmentos de ADN. J Vis Exp. 62: 3923

Negritto M.C. e Manthey G.M. (2016). Visão geral do Blotting. Protocolos Actuais Técnicas Laboratoriais Essenciais 8.1.1-8

Tomar M. (2016). Tipos de manchas. Pesquisas e Revisões: Journal of Pharmaceutics and Nanotechnology. 4: 147-153

Wu X., Zha J. e Koffas M.A.G. (2020). Produção microbiana de produtos químicos bioactivos para a saúde humana. Opinião actual em Ciência Alimentar. 32: 9-16

5. EXTRACÇÃO DO P-CAROTENO DAS CASCAS DE BANANA

As cascas de banana são uma boa fonte de compostos bioactivos, incluindo B-caroteno. Foi realizado um estudo para avaliar o conteúdo de B-caroteno das cascas da variedade Grand Nain de bananas. A sua actividade antioxidante também foi avaliada.

Extracção e avaliação do P-caroteno

Cinco gramas de amostra foram homogeneizadas em 30ml de acetona e depois 0,1% (BHT) foi adicionado como antioxidante. O extracto resultante foi filtrado através do funil de Buchnar. O resíduo foi lavado duas vezes com acetona até se tornar incolor. O resíduo foi descartado e o filtrado foi combinado com 20gm de sulfato de sódio anidro como um agente desidratante. O sulfato de sódio anidro foi removido através de filtração. O extracto foi transferido quantitativamente para um balão volumétrico de 50ml. B-Caroteno foi detectado utilizando a Ultra Performance Liquid Chromatography (UPLC). B-O teor de caroteno na fase 3 e na fase 4 da casca de banana amadurecida variou de 42,8 a 26,8 mg/100g, respectivamente. A amostra de cascas de banana (fase 3 e fase 4) para actividade antioxidante foi preparada de acordo com o método descrito por Zhang e Hamauzu (2004) com algumas modificações (método DPPH). A actividade antioxidante variou de 61,41±1,46% a 47,46±7,32% estágio 3 e estágio 4 de casca de banana amadurecida respectivamente (Budhalakoti 2018).

Portanto, as cascas de banana são uma rica fonte de B-Caroteno com propriedades antioxidantes persistentes. Esta propriedade útil das cascas de banana pode ser aproveitada para a sua utilização industrial.

REFERÊNCIAS

Budhalakoti N. (2018). Avaliação do teor de 0-caroteno e da actividade antioxidante das cascas de banana e das fibras alimentares insolúveis extraídas da casca da banana. International Journal of Agriculture, Environment and Biotechnology 11(5): 781-789

Zhang, D. e Hamauzu, Y. (2004). Fenóis, ácido ascórbico, carotenóides e actividade antioxidante dos brócolos e suas alterações durante a cozedura convencional e no microondas. Química alimentar, 88: 503-508

6. EXTRACÇÃO DE PROTEÍNA DE CASCA DE MANGA

As cascas de manga são uma rica fonte de nutrientes. As proteínas podem ser extraídas a partir delas e podem ser utilizadas para muitos fins. As cascas de manga consistem em 1,5-6,6% de proteínas. A casca de manga seca em pó pode ser utilizada como ingrediente funcional devido às suas propriedades nutricionais e bioactivas (Margal e Pintado 2021). Liao et.al. (2016) extraiu proteínas de cascas de manga através de diferentes métodos. As proteínas que foram separadas estavam na gama de 30-70 e >70 kDa. O presente estudo foi realizado para isolar proteínas da casca de manga e avaliar o seu aminoácido e perfil estrutural. Descobriu-se que a casca de manga era constituída por aminoácidos essenciais tais como metionina, isoleucina, treonina, tirosina e valina.

Isolamento e precipitação da proteína de casca de manga

Cascas de manga de 50g cuidadosamente limpas foram imersas em ácido acético de 50 mM e mergulhadas nele durante a noite a 4°C. Esta solução foi homogeneizada numa misturadora num volume total dc 100ml. O homogeneizado foi mexido a 4°C durante 24 horas para que a espuma se separasse. Após a remoção da espuma, o extracto foi passado através de tecido de musselina, ajustado a pH 3,0 com ácido acético 1M e centrifugado a 9000 rpm durante 20 min.

O sobrenadante de casca de manga foi submetido a fraccionamento de sulfato de amónio. O sulfato de amónio foi adicionado à saturação de 40% e mexido de um dia para o outro a 4°C. A proteína foi precipitada a partir da solução utilizando o método do solvente. Os solventes utilizados foram acetona e etanol. A página SDS foi realizada para separar as proteínas de acordo com a sua massa. A figura 1 mostra a separação das proteínas extraídas da casca da manga. O tamanho observado da proteína extraída da casca da manga foi encontrado em cerca de (450kDa) ou (450000Da).

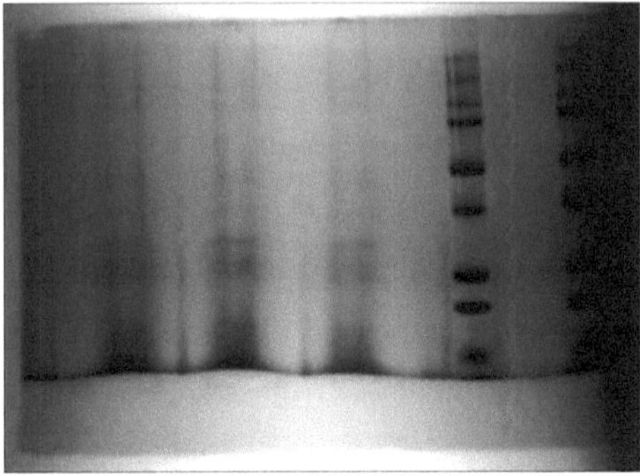

Fig 1. SDS-PAGE mostrando bandas proteicas 1st , 2nd & 3rd são de casca de manga e 4th é escada padrão

Foram isolados principalmente dois tipos de proteínas, o tipo solúvel e o tipo insolúvel das cascas de manga. A análise UPLC das proteínas extraídas foi realizada para obter o perfil de aminoácidos. A figura 2 mostra o perfil de aminoácidos de ambas as fracções. Pode-se ver que a proteína insolúvel contém menos aminoácidos em comparação com as solúveis. A figura 3 mostra a forma pulverulenta e liofilizada das proteínas insolúveis da manga, que é aparentemente de cor amarela. A figura 4 mostra a imagem SEM de fracções insolúveis e solúveis de proteína de casca de manga.

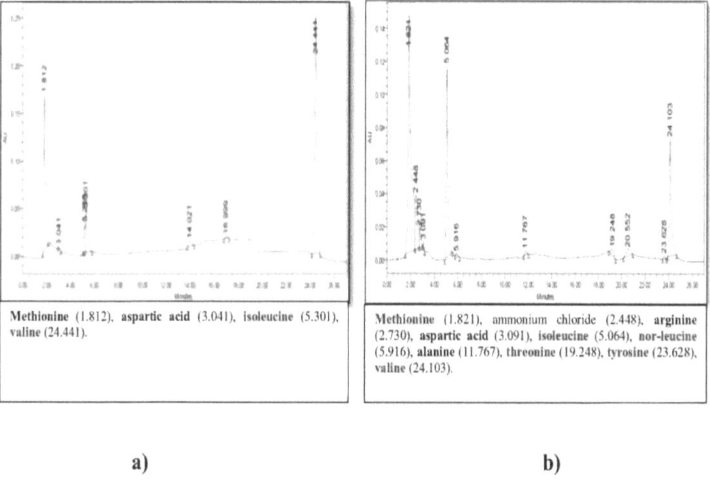

a) b)

Fig. 2. Perfil de aminoácidos da proteína de casca de manga (Insolúvel, solúvel)

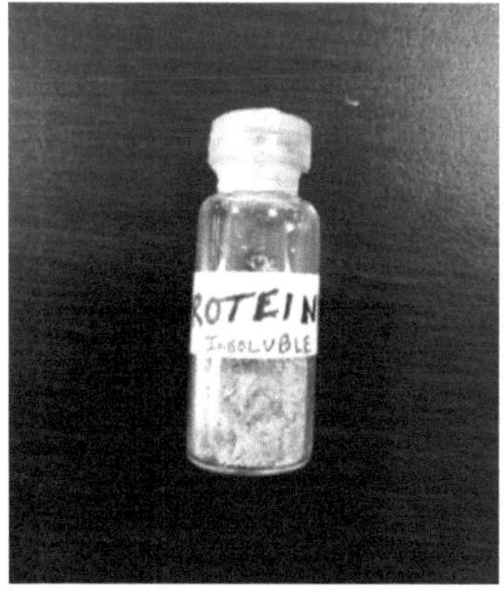

Fig 3. Proteína de casca de manga

Foi também realizada a imagiologia SEM das proteínas extraídas. As imagens SEM mostram a diferença na estrutura das proteínas insolúveis e solúveis da casca da manga. A fracção insolúvel das proteínas é menor em tamanho enquanto que, a fracção solúvel é maior em tamanho.

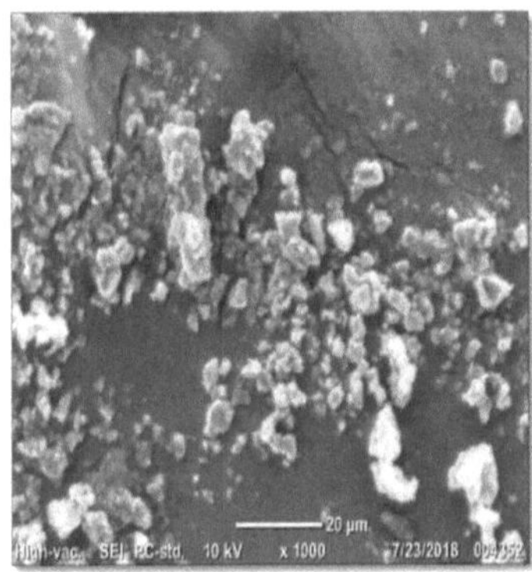

Fig 4. Imagens SEM de proteínas de casca de manga insolúveis e solúveis

REFERÊNCIAS

Liao D.J., Lu X.P., Chen H.S., Lu Y. e Mo Z.Y. (2016). Avaliação de quatro métodos de extracção de proteínas para análise proteómica da casca da manga. Genética e Investigação Molecular. 15 (3): gmr.15039006

Margal S., e Pintado M. (2021). Cascas de manga como ingrediente alimentar / aditivo: valor nutricional, processamento, segurança e aplicações. Tendências em Ciência e Tecnologia Alimentar. 114: 472-489

7. EXTRACÇÃO DE OUTROS COMPOSTOS ESSENCIAIS DE AGRO-RESÍDUOS

Existem outros compostos essenciais, tais como açúcares especialmente raros que podem ser extraídos dos agro-resíduos. Os açúcares raros podem ser monossacarídeos ou dissacarídeos que se distinguem dos açúcares tradicionais devido às ligeiras diferenças na sua estrutura. São encontrados em pequenas quantidades na natureza. Alguns destes açúcares raros incluem isomaltulose (palatinose), alulose (psicose), kojibiose, tagatose, L-arabinose, e trehalose. Estes açúcares raros estão a ser investigados pela sua utilização como edulcorantes alternativos porque demonstraram uma resposta glicémica melhorada (Laparra et.al. 2015). Estes açúcares raros são geralmente reconhecidos como seguros (GRAS), pelo que podem ser utilizados em diferentes produtos alimentares e suplementos dietéticos (Oshima et.al. 2006). O epímero bioactivo de D-frutose é chamado D-allulose (anteriormente conhecido como D-psicose). Encontra-se na posição C-3 da D-frutose. Encontra-se no trigo, café tratado com vapor, sumo de fruta aquecido, cana processada e melaço de beterraba. Determinadas bactérias também se encontram na origem da D-allulose, mas não é encontrada em animais (Mijailovic et.al. 2021). O Xilitol é também um dos raros álcoois açucarados que é utilizado no mercado global como adoçante. Pode ser produzido por hidrogenação química ou degradação microbiana da D-xilose (Granstrom et.al. 2007). A Xilose pode ser extraída de resíduos agrícolas como palha de arroz, etc. por hidrólise ácida (Norazlina et.al. 2022). A queima de palha ou restolho de arroz, um subproduto dos campos de arroz, é um dos maiores problemas e é responsável pela libertação de gases tóxicos para o ambiente. A utilização da palha de arroz para a produção de etanol pode não só resolver o problema da crise energética, mas também ajudar na protecção do nosso ambiente.

As cascas de citrinos são uma rica fonte de óleos essenciais. São utilizadas como ingredientes aromáticos, como agentes aromatizantes em vários produtos alimentares e farmacêuticos. Podem ser extraídas através do método de prensagem a frio, destilação ou através de extracção com solvente através de hexano, etc. (Bousbia et.al. 2009). Os óleos essenciais também apresentam propriedades antimicrobianas (Puskárová et.al. 2017). Exemplos de óleos essenciais incluem d-limoneno, óleo de citronela, óleo de cravinho, óleo de limão, etc. A farinha de soja pode ser utilizada para a extracção de lecitina fosfolipídica. A lecitina é uma mistura de glicerofosfolípidos incluindo fosfatidilcolina, fosfatidilanolamina, fosfatidilinositol, fosfatidilserina, e ácido fosfatídico e pode ser utilizada como emulsionante, aditivo alimentar e suplemento dietético. A lecitina é uma fonte de ácidos gordos polinsaturados que são considerados essenciais para a saúde humana (Latifi et.al. 2016). Além disso, a biomassa lignocelulósica pode ser utilizada para a produção de bioetanol através da sua sacarificação que é seguida de fermentação microbiana (Saini et.al. 2015). A biomassa lignocelulósica consiste principalmente em 0-25% lignina, 20-40% hemicelulose e 40-60% celulose e é contada como um recurso renovável (Ning et.al. 2021). A lignina extraída desta biomassa é rica em polifenóis que podem ser utilizados para a preparação de nanopartículas que podem ser utilizadas para imobilização enzimática (Roy et.al. 2021). O Biochar pode ser produzido pela degradação termoquímica da biomassa a altas temperaturas e ausência de O_2 , por exemplo, torrefacção. Isto pode ajudar a reduzir as emissões nocivas de carbono para a atmosfera, tornando-o útil em vários sectores energéticos (Panwar et.al. 2019).

REFERÊNCIAS

Bousbia N., Vian M.A., Ferhat M.A., Meklati B.Y. e Chemat F. (2009). Um novo processo para a extracção de óleo essencial de cascas de citrinos: Microondas hidrodiffUsion e gravidade. 90(3):409-413

Granstrom T.B., Izumori K. e Leisola M. (2007). Um xilitol de açúcar raro. Parte II: produção biotecnológica e futuras aplicações do xilitol. Aplicar Microbiol Biotechnol 74(2):273-6

Laparra J.M., Díez-Municio M., Moreno F.J. e Herrero M. (2015). Kojibiose ameliorates alterações metabólicas induzidas por ácido araquídico em ratos hiperglicémicos. Br J Nutr. 114(9):1395-402

Latifi S., Tamayol A., Habibey R., Sabzevari R., Kahn C., Geny D., Eftekharpour E., Annabi N., Blau A., Linder M. e Arab-Tehrany E. (2016). A lecitina natural promove a complexidade e a actividade das redes neurais. Relatórios científicos 6: 25777

Mijailovic N., Nesler A., Perazzolli M., Barka E.A. e Aziz A. (2021). Açúcares Raros: Avanços recentes e o seu papel potencial na protecção de culturas sustentáveis. Moléculas. 26(6): 1720

Norazlina I., Dhinashini R. S., Nurhafizah I., Norakma M.N. e Fazreen D.N. 2022. Extracção de xilose de palha de arroz e erva-limão via microondas assistida. 48:784789

Ning P., Yang G., Hu L., Sun J., Shi L., Zhou Y., Wang Z. e Yang J.

(2021). Recentes avanços na valorização da biomassa vegetal. Biotecnologia para Biocombustíveis. 14, 102. https://doi.org/10.1186/s13068-021-01949-3

Oshima H., Kimura I., Izumori K. (2006). Conteúdo de psicoses em vários produtos alimentares e a sua origem. Ciência Alimentar. Technol. Res. 12:137-143

Panwar N.L., Panwar A. e Salvi B.L. (2019). Revisão exaustiva sobre a produção e utilização do biochar. SN Applied Sciences. 1, 168

Puskárová A., Bucková M, Kraková L, Pangallo D e Kozics K. (2017). A actividade antibacteriana e antifúngica de seis óleos essenciais e a sua cito/genotoxicidade às células humanas HEL 12469. Relatórios científicos. 7:8211

Roy S., Dikshit P.K., Sherpa K.C., Singh A., Jacob S. e Rajak R.C. (2021). Recentes avanços nanobiotecnológicos na valorização da biomassa lignocelulósica: Uma revisão . Journal of Environmental Management. 297, 113422

Saini J.K., Saini R. e Tewari L. (2015). Resíduos da agricultura lignocelulósica como matérias-primas de biomassa para a produção de bioetanol de segunda geração: conceitos e desenvolvimentos recentes. 3 Biotecnologia. 5(4): 337-353

8. CONCLUSÃO

Os compostos bioactivos e as proteínas encontram-se abundantemente na agro-biomassa. Técnicas modernas de separação e purificação podem ajudar a aproveitar estes componentes essenciais, uma vez que, na sua maioria, permanecem ligados a outros componentes das plantas. Os valores terapêuticos destes componentes podem ser melhor explorados com mais investigação e compreensão das suas acções anti-microbianas, antioxidantes, anticancerígenas, etc. Farinhas de oleaginosas/biomassa incluindo soja, colza, leguminosas, cereais, agro-resíduos, etc., podem ser explorados para a extracção destes importantes componentes. Tanto abordagens biológicas como não biológicas podem ser aplicadas para a extracção e utilização destes ingredientes activos no fabrico de materiais biodegradáveis, tais como biofilmes, materiais de embalagem, etc. O tipo de técnica de extracção utilizada é também muito importante, uma vez que a utilização de solventes agressivos pode ser tóxica para o ambiente, pelo que a utilização de tecnologia verde pode revelar-se benéfica. A exploração do potencial das técnicas híbridas para a extracção de compostos bioactivos e proteínas pode ser feita com mais detalhes. Uma melhor compreensão sobre a potencial utilização destes componentes essenciais é importantc para o futuro sustentável.

Printed by Books on Demand GmbH, Norderstedt / Germany